Editorial Fantástico Sur

Penguins

Pingüinos

Credits / *Créditos*

General Edition / *Edición General*:

Editorial Fantástico Sur

José Menéndez 858, Depto. 4, Casilla 920, Punta Arenas, Chile

Fono/Fax: +56 61 247 194 • e-mail: info@fantasticosur.com

www.fantasticosur.com

Design / *Diseño*: Ximena Medina O.

Translation assistance / Asistencia de traducción: Joan Rohrback

All photographs © Fantástico Sur except: / *Todas las fotografías © Fantástico Sur excepto*:

© R. & N. Bowers / VIREO: pp. 49, 52

© A. Kusch: pp. 53, 54-55, 56, 57, 58-59

© G. Lasley / VIREO: pp.18a, 19

© J. Preller: pp. 82

© K. Schafer / VIREO: pp. 50-51

© D. Tipling / VIREO: pp. 16-17, 18b, 20-21

First Edition / *Primera Edición*, Agosto 2005

© 2005, Enrique Couve & Claudio F. Vidal, Fantástico Sur Birding Ltda.

Registro de Propiedad Intelectual Inscripción N° 148383

ISBN: 956-8007-09-1

Penguins
Pingüinos

- King Penguin / Pingüino Rey / Aptenodytes patagonicus

- Emperor Penguin / Pingüino Emperador / Aptenodytes forsteri

- Gentoo Penguin / Pingüino Papúa o de·Vincha / Pygoscelis papua

- Adélie Penguin / Pingüino de Adelia o de Ojo Blanco / Pygoscelis adeliae

- Chinstrap Penguin / Pingüino de Barbijo / Pygoscelis antarctica

- Rockhopper Penguin / Pingüino de Penacho Amarillo / Eudyptes chrysocome

- Macaroni Penguin / Pingüino Macaroni o Pingüino de Frente Dorada / Eudyptes chrysolophus

- Humboldt Penguin / Pingüino de Humboldt / Spheniscus humboldti

- Magellanic Penguin / Pingüino de Magallanes / Spheniscus magellanicus

King Penguin
Pingüino Rey
Aptenodytes patagonicus

The King Penguin is the second largest species of the family Spheniscidae. It is characterized by its long and slender bill and prominent orange auricular patches.

El Pingüino Rey es la segunda especie más grande en tamaño de la familia Spheniscidae. Se caracteriza por su largo y delgado pico y sus prominentes parches auriculares anaranjados.

■ ■ ■ King Penguins are capable of performing deep and prolonged dives in order to catch fish, remaining submerged for up to 10 minutes and to depths of about 650 feet (200 meters), with maximum depths around 1,000 feet (320 meters).

El Pingüino Rey es capaz de realizar buceos profundos y prolongados para capturar peces, pudiendo permanecer sumergido hasta por 10 minutos y bucear a profundidades superiores a los 200 metros, llegando excepcionalmente hasta alrededor de los 320 metros de profundidad.

Many penguin populations, especially of this species, were eradicated by whalers and sealers during the late nineteenth century in order to extract their oil. Since then there has been a long recovery process.

Muchas poblaciones de pingüinos, en particular de esta especie, fueron diezmadas por balleneros y loberos, hacia finales del siglo XIX a fin de extraer su aceite. Desde entonces ha habido un largo proceso de recuperación.

There is no other bird species having a reproductive cycle longer than that of the King Penguin. To raise its single chick takes between 14 to 16 months.

No existe otra ave que tenga un ciclo reproductivo más extenso que el del Pingüino Rey. El criar un solo polluelo les toma entre 14 a 16 meses.

South Georgia Island holds the most important breeding population of this species in the South Atlantic, with approximately 400,000 pairs.

La Isla Georgia del Sur concentra la población reproductiva más importante del Atlántico Sur para la especie, con alrededor de 400.000 parejas.

The King Penguin is a monogamous and highly gregarious species. Nevertheless, the fidelity between pairs is lesser than that of other penguin species, probably due to the extended duration of their reproductive cycle.

El Pingüino Rey es monógamo y muy gregario. Sin embargo, la fidelidad entre parejas es menor a la de otras especies de pingüinos, probablemente debido a lo extenso del ciclo reproductivo.

Emperor Penguin

Pingüino Emperador

Aptenodytes forsteri

The Emperor Penguin is colonial although not territorial. In fact they huddle together very closely to endure the harsh cold and winds of the Antarctic winter.

El Pingüino Emperador es colonial aunque no territorial. De hecho se agrupan muy cerradamente para soportar juntos el inclemente frío y ventoso invierno Antártico.

■ ■ ■ The Emperor Penguin is a bird of extremes. It possesses numerous physiological adaptations that allow them to survive the severe cold of the Antarctic winter, reaching temperatures as low as -76°F (-60°C). This is the largest and more robust penguin; measuring up to 1.3 meters and even exceeding 40 kilograms in weight.

El Pingüino Emperador es un ave de extremos. Posee numerosas adaptaciones fisiológicas que le permiten sobrevivir al severo frío de la Antártica, que llega hasta los –60°C. Es el pingüino más grande y robusto; llegando a alcanzar 1.3 metros de alto y a sobrepasar los 40 kilos de peso.

■ ■ ■ The chicks are grouped in very compact formations, called crèches, which function in reducing the loss of heat and exposure of chicks in freezing blizzards.

Los polluelos son agrupados en formaciones muy compactas, denominadas crèches, y que cumplen con la finalidad de reducir la pérdida de calor y la exposición a las gélidas ventiscas.

■ ■ ■ The male Emperor Penguin is exceptional in the fact that it incubates alone the only egg of the couple for more than two months. It is critical that the female returns to the colony at the time of the hatch in order to feed the chick and to release the male temporarily of his responsibilities.

El Pingüino Emperador macho es excepcional pues incuba solitariamente el único huevo de la pareja, por más de dos meses. Es crítico que la hembra retorne a la colonia al tiempo de la eclosión para alimentar al polluelo y liberar al macho temporalmente de sus responsabilidades.

Gentoo Penguin

Pingüino de Papúa o de Vincha

Pygoscelis papua

The race *ellsworthii* of the Gentoo Penguin is characterized by the bright red bill coloration, besides being smaller than the nominate northern subspecies. They nest on the Antarctic Peninsula and South Orkney and South Shetland Islands.

La raza ellsworthii del Pingüino Papúa o de Vincha se caracteriza por la coloración rojo brillante del pico, siendo además más pequeño que la subespecie nominal del norte. Nidifica en la Península Antártica e Islas Orcadas y Shetland del Sur.

Approximately 200,000 pairs of the nominate race breed in the Falkland and South Georgia Islands, being as a whole the most important breeding population of this species.

Unas 200.000 parejas de la raza nominal, nidifican en Islas Malvinas y Georgia del Sur, siendo en conjunto las poblaciones reproductivas más importantes para la especie.

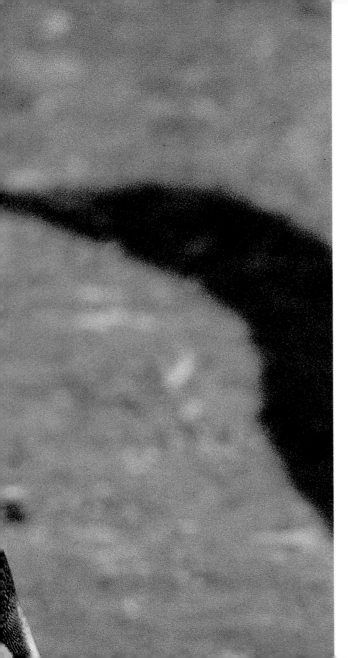

The Gentoo Penguin builds its nest lined with pebbles, mud, feathers, and even bird bones. Both parents will incubate for a period nearly of 35 days.

El Pingüino Papúa construye un nido a base de piedras, barro, plumas y hasta huesos de aves. Ambos padres incubarán por un período cercano a los 35 días.

In the Antarctic Peninsula and adjacent islands their colonies are small and scattered, their nests can even be placed at elevations up to approximately 650 ft (200 m) and 5 miles (8 km) inland.

En la Península Antártica e islas adyacentes sus colonias son más bien pequeñas y dispersas, llegando a nidificar hasta 200 metros de altura en laderas costeras y hasta ocho kilómetros hacia el interior.

■ ■ ■ This species is highly gregarious and rather sedentary. As with the majority of the penguin species, the Gentoo Penguin is monogamous. Nevertheless, the pair-bonds seem to not last for more than two or three consecutive breeding seasons.

Esta es una especie gregaria y bastante sedentaria. Como la mayoría de las especies de pingüinos, es monógamo. Sin embargo, las parejas parecen no perdurar más allá de dos o tres estaciones reproductivas.

The Gentoo Penguin is more of a coastal species than of open sea, seeming to prefer the shallow waters of the continental shelf where it captures crustaceans and fish.

El Pingüino Papúa es más bien costero que de mar abierto, pareciendo preferir aguas poco profundas de la plataforma continental en las que captura crustáceos y peces.

Even after fledging, between 80 and 105 days of life, the chicks will come back to the colony demanding to be fed by their parents.

Aún después de independizarse, entre los 80 y 105 días de vida, los polluelos retornarán a la colonia demandando ser alimentados por sus padres.

Adélie Penguin
Pingüino de Adelia o de Ojo Blanco
Pygoscelis adeliae

This one is a true Antarctic penguin. There is not another bird species that breeds more to the south than the Adélie Penguin.

Este es un pingüino estrictamente antártico. No existe otra especie de ave que nidifique más al sur que el Pingüino de Adelia o de Ojo Blanco.

Each Antarctic summer and in conditions of continuous light, both parents will laboriously feed and guard their two chicks for approximately two months. To achieve this, it is very important that both parents and chicks can recognize mutually their calls.

Cada verano antártico y en condiciones de continua luminosidad, ambos padres alimentarán y cuidarán de sus dos polluelos durante unos dos meses. Para esto es muy importante que tanto los padres como las crías, reconozcan mutuamente sus vocalizaciones.

During the early Antarctic spring, the Adélie Penguin must perform long and exhausting treks over the fast ice, from the edge of the frozen sea to colonies located on the rocky coast.

A comienzos de primavera, el Pingüino de Adelia debe realizar largas y extenuantes caminatas sobre el hielo, desde el borde del mar congelado hasta sus colonias situadas en la costa rocosa.

This is a migratory penguin that will not return to their breeding colonies until the following spring. After the rearing period it will disperse northwards, up to the edge of the pack-ice.

Este es un pingüino migratorio que no regresará a sus colonias sino hasta la primavera siguiente. Luego del período reproductivo se dispersa hacia el norte, hasta el borde del pack-ice.

Approximately 2.4 million pairs breed on snow-free Antarctic shores. It is a monogamous species, though in general, the couples do not last for more than three years. A couple that reunites will have a major probability of success in rearing new chicks.

Unos 2.4 millones de parejas nidifican en costas antárticas libres de hielo. Este pingüino es monógamo aunque las parejas no perduran por más de tres años. Una pareja que se reúne nuevamente tendrá mayores posibilidades de éxito en la crianza de nuevos polluelos.

Chinstrap Penguin
Pingüino de Barbijo
Pygoscelis antarctica

Each year, the male Chinstrap Penguins arrive at the colonies between October and November, roughly five days before the females, and start to condition the nest which is simply an aggregation of pebbles.

Los machos de Pingüino de Barbijo arriban a las colonias entre octubre y noviembre de cada año, comenzando de inmediato a acondicionar su nido, que es simplemente una agregación de piedrecillas.

■ Pingüinos de Patagonia y Península Antártica

The Chinstrap Penguin is one of the most abundant penguins of the Antarctic; it nests in more than one hundred colonies in the Antarctic Peninsula and South Shetland Islands. It is also found in several islands of the Scotia Arc.

Éste es uno de los pingüinos más abundantes de la Antártica; nidifica en más de un centenar de colonias en la Península Antártica, Islas Shetland del Sur e islas del Arco de Escocia.

41

This penguin favours to nest in coastal hillsides of steep slopes and in higher areas more than other penguins. Some of their colonies in the Antarctic Peninsula and adjacent islands can be enormous.

Esta especie prefiere nidificar en laderas costeras de pendiente pronunciada y en sectores más altos que otros pingüinos. Algunas de sus colonias en la Península Antártica e islas adyacentes pueden ser enormes.

Chinstrap Penguins feed almost exclusively on krill that it captures by fast pursuit-dives close to the surface.

El Pingüino de Barbijo se alimenta casi exclusivamente de krill que captura mediante veloces aunque cortos buceos cerca de la superficie.

■ ■ ■ Due to the fact that some of the colonies are so large and that the available space in snow-free areas is so limited, the threats and aggressions among penguins of same or different species are quite frequent.

Debido a que las colonias son tan numerosas y a que el espacio disponible en las zonas libres de hielo es tan limitado, las amenazas y agresiones entre pingüinos de igual o diferente especie, son bastante frecuentes.

Rockhopper Penguin
Pingüino de Penacho Amarillo

Eudyptes chrysocome

Along the subantarctic coasts of South America and the Falkland Islands, some of the main breeding colonies of this gregarious penguin are found. Unfortunately their populations have experienced a drastic decrease in the last 30 years.

En el litoral subantártico de Sudamérica e Islas Malvinas, se encuentran algunas de las principales colonias reproductivas de este gregario pingüino. Desafortunadamente sus poblaciones han experimentado una drástica disminución en los últimos 30 años.

■ ■ ■ Their remote colonies are located near areas of
great productivity, affected by cold oceanic currents,
and where squid and krill are abundant.

*Sus remotas colonias se encuentran en zonas de
gran productividad, afectadas por corrientes oceánicas
frías, en las que abundan los calamares y el krill.*

The pairs meet again in the colonies in October after a migration of up to five months in the open ocean.

Las parejas se reencuentran en las colonias durante el mes de octubre, luego de una migración de hasta cinco meses, en el océano abierto.

■ ■ ■ Each breeding season is a period of great demand for the Rockhopper Penguin couple. They must endure both extensive fasting periods on land (of up to 40 days) and long journeys at sea (of up to two weeks), to assure the provision of food for the chicks and to recover their own weight.

Cada temporada reproductiva es un período de gran demanda para la esforzada pareja. Ambos deben soportar extensos períodos de ayuno en tierra (de hasta 40 días) y largas jornadas en el mar (hasta dos semanas), para asegurar la provisión de comida para el polluelo y recuperar su propio peso.

About mid-November the female will lay two eggs. The first egg is much smaller than the second and in general will not hatch. If eventually it does, the first chick will soon die and only the second one will survive.

Hacia mediados de noviembre la hembra colocará dos huevos. El primero es mucho más pequeño que el segundo y por lo general no eclosiona. De hacerlo, el primer polluelo morirá pronto y sólo el segundo sobrevivirá.

■■■

The Rockhopper Penguin breeds colonially on steep coastal rocky hillsides. It is common that their colonies are associated with albatrosses and cormorants.

El Pingüino de Penacho Amarillo nidifica colonialmente en laderas costeras rocosas de pendiente bastante pronunciada. Es común que sus colonias estén asociadas a albatros y cormoranes.

Macaroni Penguin
Pingüino Macaroni
o de Frente Dorada
Eudyptes chrysolophus

The Macaroni Penguin breeds entirely on subantarctic islands of the Southern Ocean and also in the north tip of the Antarctic Peninsula and adjacent islands. During the austral winter it disperses through offshore waters, northwards of the Antarctic Convergence.

Este pingüino nidifica en la totalidad de las islas subantárticas del Océano Austral y también en el extremo norte de la Península Antártica e islas adyacentes. Durante el invierno austral se dispersa hacia el norte de la Convergencia Antártica, en aguas oceánicas abiertas.

This is probably the most abundant penguin of the world. It is estimated that their world population exceeds 11 million pairs. In their colonies, this is a highly gregarious species.

Este es probablemente el pingüino más abundante del mundo. Se estima que su población mundial sobrepasa los 11 millones de parejas. En sus colonias, es extremadamente gregario.

■ ■ ■ Although many pairs lay their eggs directly upon the rocky soil, many prefer building a nest out of pebbles and mud among the coastal grasslands. Most of their colonies in the southwestern end of Patagonia are mixed with Rockhopper Penguin.

Aunque muchas parejas depositan sus huevos directamente en el suelo rocoso, también establecen su nido de piedrecillas y barro entre los pastizales costeros. La mayoría de sus colonias en el extremo sur-occidental de Patagonia son mixtas con Pingüino de Penacho Amarillo.

■■■ After laying the eggs, the female takes the first shift in the incubation, remaining in its nest for about two weeks, while the male feeds at sea. The male eventually will return to the colony to relieve the female, which will perform a foraging trip for a slightly shorter period. During these excursions to the ocean, both move away up to 280 miles (450 kilometres) from the colony.

Luego de la postura, la hembra realizará el primer turno en la incubación, permaneciendo en su nido por alrededor de dos semanas, mientras el macho se alimenta en el mar. Este eventualmente regresará a la colonia para relevar a la hembra, la que realizará un viaje de alimentación por un período algo menor. Durante estas excursiones en el océano, ambos llegarán a alejarse hasta 450 kilómetros de colonia.

Humboldt Penguin
Pingüino de Humboldt
Spheniscus humboldti

The white head stripes and a naked unfeathered area around the base of bill and eyes are typical of the genus *Spheniscus*, which includes species that live in warmer climates.The Humboldt Penguin is endemic to the homonimous cold-water current and their colonies are located along Chile and Peru, in zones affected by a Mediterranean to desert climate.

Las líneas blancas y un área de piel desnuda alrededor de pico y ojos, son características del género Spheniscus que comprende a las especies de pingüinos que viven en climas más calurosos. El Pingüino de Humboldt es endémico de la corriente fría homónima y sus colonias se localizan a lo largo de Chile y Perú, en zonas afectadas por un clima mediterráneo a desértico.

■ ■ ■ This penguin can potentially reproduce up to twice a year, if the food availability is favorable around the colony.

Este pingüino puede potencialmente reproducirse hasta dos veces por año, si la disponibilidad de alimento es favorable alrededor de la colonia.

This is a mostly sedentary species. Both parents make daily foraging trips to feed their chicks, trying to keep in waters close to the colony. During the occurrence of an El Niño event, in which the productivity of sea and food availability is more limited, the penguins will need to perform longer trips and toward much more distant areas in search of food. This results in a major chick mortality, affecting the reproductive success of the colony.

Ésta es una especie bastante sedentaria. Ambos padres realizan excursiones diarias para alimentar a sus polluelos, tratando de mantenerse en aguas cercanas a la colonia. Durante la ocurrencia de un evento El Niño en que la productividad del mar y disponibilidad de alimento se ven reducidas, los pingüinos deberán realizar viajes más largos y hacia áreas mucho más distantes. Esto resulta en una mayor mortalidad de polluelos, afectando el éxito reproductivo de la colonia.

■ ■ ■ This penguin specializes in capturing schooling fish like anchovies and sardines by means of continuous pursuit-dives up to 200 feet (60 meters) deep.

Se especializa en la captura de peces que viajan en cardúmenes como anchovetas y sardinas, los que captura mediante continuos buceos hasta los 60 metros de profundidad.

■ ■ ■ ■ Its world population has been estimated at approximately 12,000 pairs and during the last 100 years an evident decrease has been seen in its numbers. The principal threats for this penguin are the overfishing of anchovy stocks and the habitat destruction by commercial removal of guano.

Su población total ha sido estimada en unas 12.000 parejas y durante los últimos 100 años, ha experimentado una evidente disminución. Las principales amenazas para este pingüino son la sobrepesca de anchoveta y la destrucción de hábitat por la remoción comercial de guano.

Magellanic Penguin
Pingüino Magallanes
Spheniscus magellanicus

This penguin was discovered on the Atlantic coast of South America by Ferninand Magellan, in January 1520, during his epic exploration journey. The nearly 1.5 million breeding pairs on the southern coasts of Chile and Argentina, and approximately 150,000 pairs more in the Falkland Islands, rank this penguin as the most abundant of Patagonian region.

Fue descubierto en la costa atlántica de Sudamérica por Hernando de Magallanes, en enero de 1520, durante su épico viaje de exploración. Cerca de 1.5 millones de parejas en las costas australes de Chile y Argentina, y unas 150.000 parejas más en Islas Malvinas, transforman a éste, en el pingüino más abundante de región patagónica.

The Magellanic Penguin is a highly gregarious species. Some of their colonies are enormous, holding hundreds of thousands of pairs. Magdalena Island, in the Straits of Magellan, is one of the most important breeding colonies of this penguin in Chile.

El Pingüino de Magallanes es una especie muy gregaria. Algunas de sus colonias son enormes, llegando a albergar cientos de miles de parejas. Isla Magdalena, en el Estrecho de Magallanes, es una de las colonias más importantes de éste pingüino en Chile.

71

The male excavates a burrow in the soft soil, of up to six feet (two meters) deep; in this burrow, the eggs are incubated and the chicks are reared, providing them with effective protection from both predators and harsh weather.

El macho excava en el suelo blando, una cueva de hasta dos metros de profundidad; en ésta, los huevos serán incubados y los polluelos criados, otorgándoles de una efectiva protección tanto de depredadores como del riguroso clima.

During the breeding season, the penguins will make constant foraging trips towards deep and productive waters in order to secure the provision of food for their offspring. They can reach distant areas up to 310 miles (500 kilometres) away from the colony, although generally they feed in much closer areas, no more than 62 miles (100 kilometres) away.

Durante la temporada reproductiva, los pingüinos realizan constantes viajes hacia aguas profundas y productivas a fin de buscar alimento para sus crías. Pueden llegar a alejarse hasta 500 kilómetros de la colonia, aunque por lo general, se alimentan a distancias inferiores a los 100 kilómetros.

■ ■ ■ The couples maintain strong pair-bonds for several seasons, which will favor their chance of success in rearing the chicks. These will fledge, generally between 60 and 70 days of life.

Las parejas mantienen lazos muy fuertes por varias temporadas, lo que favorecerá su éxito en la crianza de los polluelos. Estos se independizarán de sus progenitores, por lo general, entre los 60 y 70 días de vida.

Species Accounts
Descripción de Especies

▪▪▪ Introduction to Penguins

The penguins are a group of attractive and charismatic flightless birds, occurring exclusively in the seas of the Southern Hemisphere. There are between 16 and 17 species in the world, nine of which nest in the area of Patagonia, Antarctic Peninsula and islands of the Scotia Sea.

The penguins were seen by first-time European explorers such as Vasco da Gama (1497-98) and Ferninand Magellan (1519-22), who described in their chronicles their encounters with these odd-looking birds along the coasts of Africa and South America, respectively.

The name penguin comes from a diverse group of seabirds found in the Northern Hemisphere, the alcids. The only flightless member of this family, the extinct Great Auk (Pinguinus impennis), had a very similar coloration pattern to that of a penguin, besides standing very erect on land and using its wings to propel itself under the water. These similarities drove the first explorers to give the name penguins to these seabirds that were abundant in the southern seas.

The modern penguins seem to have evolved from a rather small ancestor, who besides being a good diver, was capable of flying; a bird not very different from what is today a Diving-Petrel. From an approximate total of 14 extinct species, the most ancient penguin in the fossil record dates back approximately 50 million years with the largest fossil the size of a man.

All the penguins are perfectly adapted to survive in the marine environment. The penguin body is heavy and robust, due to the fact that their bones are dense and resistant in order to reduce buoyancy, allowing them to swim freely. In addition, their hydrodynamic body offers very little resistance to the water.

To live in the harsh Antarctic and sub-Antarctic environment requires the development of a large number of adaptations to avoid the loss of body heat. The insulation is achieved by having a thin layer of subcutaneous fat and a fully waterproof plumage. While the penguin is in the water, its short and stiff feathers are interwoven, providing of an effective barrier against the water and at the same time trapping a thin layer of warm air, which is kept close to the skin. These adaptations are essential for species such as the Penguin Emperor, which while incubating, must endure temperatures as low as -76°F (-60°C). On the other hand, the colonies of some species are in places affected by desert climates, with temperatures near to 104°F (40°C). The penguins that live in these regions present exposed, unfeathered areas on the head, that help them to dissipate heat during very warm days.

Krill, squid and schooling fish comprise their main prey. Underwater, penguins are literaly capable of "flying", moving gracefully and rapidly, propelled by their flippers. This capability together with a number of adaptations for deep diving have granted them free access to an array of prey, which only cetaceans and pinnipeds can also capture.

The penguins must return year after year to land to breed. Their colonies can be located on sheltered coasts in mainland or in remote islands. After finding a place in the colony, they must find a suitable mate. The couple will share roles during the long breeding period, including demanding tasks such as courtship, laying, incubation, long fasting periods on land and intense foraging journeys at sea, until finally the chicks fledge. Before finishing the cycle, the penguin must moult, that means the total renovation of its plumage. Then it will leave the colony and will return to the sea to migrate towards areas with abundant food resources.

Introducción a los Pingüinos ▪▪▪

Los pingüinos son un grupo de atractivas y carismáticas aves no voladoras, presentes exclusivamente en los mares del Hemisferio Sur. Existen entre 16 y 17 especies en el mundo, nueve de las cuales nidifican en el área de Patagonia, Península Antártica e islas del Arco de Escocia.

Los pingüinos fueron observados por primera vez por exploradores europeos como Vasco da Gama (1497-98) y Hernando de Magallanes (1519-22), quienes describieron en sus crónicas sus encuentros con estas curiosas aves en las costas de África y Sudamérica, respectivamente.

El nombre pingüino proviene de un diverso grupo de aves marinas en el Hemisferio Norte, los álcidos. El único miembro no volador de esta familia, el hoy extinto Gran Alca (Pinguinus impennis), tenía un patrón de coloración muy similar al de un pingüino actual, además de mantener en tierra una postura erecta y de usar sus alas para propulsarse bajo el agua. Esta semejanza condujo a los primeros exploradores a denominar pingüinos a las extrañas aves marinas que abundaban en los mares del sur.

Las especies modernas parecen haber evolucionado de un ancestro más bien pequeño, que además de ser un buen buceador, era capaz de volar; un ave tal vez no muy diferente a lo que es actualmente un Yunco. De un total aproximado de 14 especie extintas, el pingüino más antiguo en el registro fósil data de hace unos 50 millones de años antigüedad en tanto que el fósil más grande era del tamaño de un hombre.

Todos los pingüinos están perfectamente adaptados para sobrevivir en el medio marino. El cuerpo del pingüino es pesado y robusto, debido a que sus huesos son densos y resistentes, a fin de reducir la flotación y nadar y bucear más libremente. Además, su cuerpo hidrodinámico ofrece muy poca resistencia al agua.

El vivir en los hostiles parajes antárticos y subantárticos supone el desarrollo de un gran número de adaptaciones para evitar la pérdida de calor corporal. El aislamiento es logrado mediante una delgada capa de grasa subcutánea y un plumaje completamente impermeable. Mientras el pingüino está en el agua, sus cortas y duras plumas, se traban entre sí, proveyendo de una efectiva barrera contra el agua y al mismo tiempo, atrapan una delgada capa de aire caliente, que es mantenida cerca de la piel. Estas adaptaciones son esenciales para especies como el Pingüino Emperador, que mientras incuba, debe soportar temperaturas tan bajas como los -60°C. Las colonias de algunas especies se encuentran en lugares afectados por climas desérticos, con temperaturas cercanas a los 40°C. Los pingüinos que viven en estas regiones presentan zonas desnudas, sin plumas, en la cara que ayudan a disipar el calor durante días muy calurosos.

Krill, calamares y cardúmenes de peces, componen sus principales presas. Bajo el agua, los pingüinos son capaces de "volar", moviéndose grácil y rápidamente, propulsados por sus aletas. Esta capacidad junto con un número de adaptaciones para el buceo profundo, les han otorgado libre acceso a un ensamble de presas, que sólo cetáceos y pinípedos pueden también capturar.

Los pingüinos deben regresar año tras año a tierra para reproducirse. Sus colonias pueden localizarse en costas protegidas del continente o en islas remotas. Luego de encontrar un lugar en la colonia, se debe encontrar una pareja adecuada con la cual reproducirse. Los cónyuges deben compartir roles durante el prolongado período de cría, que incluye demandantes fases tales como el cortejo, postura, incubación, prolongados períodos de ayuno en tierra e intensas jornadas de pesca en el mar, hasta que finalmente los polluelos se independicen. Antes de finalizar el ciclo, el pingüino debe mudar, que significa la renovación total de su plumaje. Luego abandonará la colonia y emprenderá su regreso al mar para migrar hacia áreas con abundantes recursos.

King Penguin

Pingüino Rey

Length: From 33.5 to 37.5 inches (85–95 cm) • **Weight:** From 20.5 to 38 lbs. (9.3–17.3 kg)

Distribution: A sub-Antarctic circumpolar resident present between 45° and 55°S. Nests at South Georgia Island (400,000 pairs), Falkland Islands (~ 500 pairs) and a small colony in South Sandwich Islands. Its world population is estimated between 1.6 and 2.2 million pairs. It is an uncommon visitor, although recently more frequent along the Atlantic coast of South America, Straits of Magellan and Tierra del Fuego.

Breeding: It settles its colonies in flat, ice-free coastal areas. Monogamous, although the fidelity between pairs is less than that of other penguins. It breeds from November onwards. It has an exceptionally long reproductive cycle (14 to 16 months), breeding up to twice every three years, being a unique strategy among penguins. Those couples who manage to raise a chick, generally fail in breeding again in the immediately following season. Its only egg is incubated for a period of approximately 55 days. Both parents continue rearing the chick for nearly 50 weeks. At five weeks of age, they are grouped in *crèches*, which allows both parents to feed at sea simultaneously. The chick will reach its maximum weight in April, but during the winter, it will experience a long fasting period of several months; again it will recover weight from September to October, and will fledge between November and December. Juveniles will reach their sexual maturity between 3 and 4 years, although they will reproduce the first time only between 5 and 8 years of age.

Diet: Feeds on small lanternfish and squid that it captures by means of long and deep pursuit-dives. It can remain submerged for nearly 10 minutes and dives up to 650 feet (200 m) deep; occasionally up to 1,000 feet (320 m).

Longitud: De 85 a 95 centímetros • Peso: De 9.3 a 17.3 kilogramos.

residente circumpolar subantártico presente entre los 45° y 55°S. Nidifica en Islas Georgia del Sur (400.000 parejas) y Malvinas (~ 500 parejas); una pequeña colonia en Islas Sandwich del Sur. Su población mundial se estima entre 1.6 y 2.2 millones de parejas. Es un visitante poco común, aunque cada vez más frecuente, en la costa atlántica de Sudamérica, Estrecho de Magallanes y Tierra del Fuego.

Reproducción: Establece sus colonias en áreas planas libres de hielo. Monógamo, aunque la fidelidad entre las parejas es menor a la de otros pingüinos.

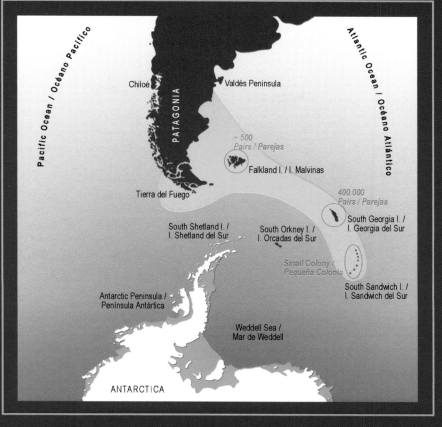

Se reproduce desde noviembre en adelante. Tiene un período reproductivo excepcionalmente largo (14 a 16 meses), nidificando hasta dos veces cada tres años, siendo una estrategia única entre los pingüinos. Aquellas parejas que logran criar un polluelo, generalmente fallan durante la temporada inmediatamente siguiente. Su único huevo es incubado por alrededor de 55 días. Ambos padres continúan con el cuidado del polluelo por cerca de 50 semanas. A las cinco semanas de vida, los polluelos son agrupados en crèches, lo que permite que la pareja pueda alimentarse simultáneamente. Las crías alcanzarán su máximo peso en abril, aunque durante el invierno, experimentarán un extendido ayuno de varios meses; nuevamente recuperarán peso de septiembre a octubre, y se independizarán entre noviembre y diciembre. Los juveniles alcanzarán su madurez sexual entre los tres y cuatro años, aunque sólo se reproducirán por primera vez entre los 5 y 8 años.

Dieta: Se alimenta de pequeños peces mictófidos y calamares que captura mediante prolongados y profundos buceos. Puede permanecer sumergido por cerca de 10 minutos y llegar hasta los 200 metros de profundidad; ocasionalmente hasta los 320 metros.

Emperor Penguin

Aptenodytes forsteri

Pingüino Emperador

Length: From 3.25 to 4.25 feet (1–1.3 m) • **Weight:** From 44 to 90 lbs. (20–41 kg)

Distribution: It is a strictly circumpolar Antarctic resident, that breeds in approximately 44 locations on the continent. In the Antarctic Peninsula, they breed only at Dion Is. (67°52'S, 68°43'W), with a small population (~ 85 pairs). A newly discovered colony (~ 1.200 pairs) exists at Snow Hill Island (64°22'S, 57°11'W), in the Weddell Sea. The total population is estimated between 400,000 and 500,000 individuals. It is an accidental visitor north of the Antarctic Convergence, with records in Tierra del Fuego, Falkland and South Georgia Islands and in Argentine waters.

Breeding: Monogamous, although many birds do not renew their pair-bonds during the immediately following season. The breeding cycle begins between March and April, when the adults return to the colonies. The female will fast for approximately 40 days, from its arrival to the colony to laying; then it will return to the sea to feed. The only egg is incubated by the male for 62 to 67 days, between May and June. The males will endure the harsh winter, huddling together to avoid heat loss, besides an extended fasting period (approx. 115 days) that will conclude with the arrival of the female by the end of the incubation. Then the male will walk for up to 100 miles (160 km) over the ice, in order to reach the sea edge and will eventually be able to feed. Later both parents will take care of the chick for shorter intervals. The rearing period will last for approximately 45 days more and the chick will fledge at five months of age. The adults will moult between December and February, while the juveniles acquire their adult plumage at approximately 18 months of age. Juveniles reach their sexual maturity at four years old, and will breed during the following year.

Diet: Feeds on fish, squid and krill that it captures by means of long and deep pursuit-dives, between 160 and 985 feet (50-300 m) deep; very exceptionally it reaches depths of 1,640 feet (500 m).

Longitud: *De 1 a 1.3 metros •*
Peso: *De 20 a 41 kilogramos.*
Distribución: *Es un residente circumpolar estrictamente antártico, que nidifica en unas 44 localidades del continente. En la Península Antártica, sólo en Isla Dion (67°52'S, 68°43'W), con una pequeña población (~ 85 parejas). Una nueva colonia (~ 1.200 parejas) en Isla Snow Hill (64°22'S, 57°11'W), en el Mar de Weddell. Su población total es estimada entre 400.000 y 500.000 individuos. Es un visitante accidental al norte de la Convergencia Antártica, con registros en Tierra del Fuego, Islas Malvinas y Georgia del Sur y aguas argentinas.*
Reproducción: *Monógamo, aunque muchas parejas no renueven sus lazos durante la temporada*

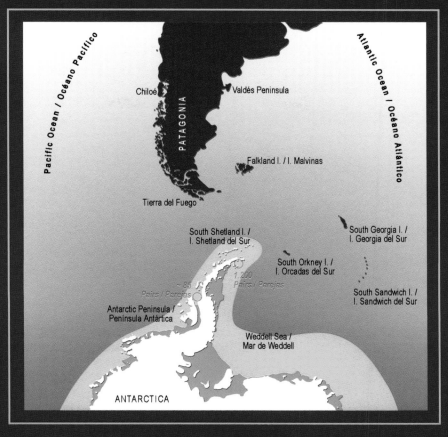

inmediatamente siguiente. El ciclo reproductivo se inicia entre marzo y abril, cuando los adultos llegan a las colonias. La hembra ayunará por unos 40 días, desde su arribo a la colonia hasta la postura; luego regresará al mar para alimentarse. El único huevo es incubado por el macho, por 62 a 67 días, entre mayo y junio. Los machos soportarán el inclemente invierno, agrupándose para evitar la pérdida de calor, además de un extendido período de ayuno (app. 115 días) que concluirá con la llegada de la hembra al término de la incubación. Luego, el macho recorrerá hasta 160 kilómetros sobre el hielo, a fin de alcanzar el borde marino para finalmente alimentarse. *Posteriormente ambos padres cuidarán de su polluelo por intervalos más cortos. El período de crianza durará unos 45 días más y los polluelos se independizarán a los cinco meses de edad. Los adultos mudarán su plumaje entre diciembre y febrero, en tanto que el juvenil adoptará su plumaje de adulto aproximadamente a los 18 meses de edad. Los juveniles alcanzan su madurez sexual a los cuatros años, y se reproducirán al año siguiente.*
Dieta: *Se alimenta de peces, calamares y krill, que captura mediante prolongados y profundos buceos entre los 50 y 300 metros de profundidad; muy excepcionalmente alcanza los 500 metros.*

Gentoo Penguin

Pygoscelis papua

Pingüino Papúa o de Vincha

Length: From 29.5 to 35.5 inches (75–90 cm) • **Weight:** From 10 to 18.75 lbs. (4.5–8.5 kg)

Distribution: It is a sub-Antarctic and Antarctic circumpolar resident present between 45° and 65°S. The race *ellsworthii* breeds in approximately 70 locations on the Antarctic Peninsula (20,000 pairs) and South Shetland Islands (17,200 pairs), also in South Orkney (10,900 pairs) and South Sandwich (1,500 pairs). The nominate race nests at South Georgia (102,000 pairs) and Falkland Islands (113,000 pairs). A small number of breeding pairs reside at Martillo Island, Beagle Channel, Argentina. Their world population estimated at approximately 317,000 pairs. Many individuals remain near the colonies during the whole year. It is an occasional visitor on the coasts of Chubut and Santa Cruz, Argentina and Tierra del Fuego and outer Fuegian islands, Chile.

Breeding: Its small colonies are located on beaches and coastal ice-free hillsides, up to 650 feet (200 m) in height and 5 miles (8 km) inland. Monogamous, although the couples seem to not last for more than two or three seasons. The laying occurs between October and November; two eggs will be incubated by the pair for a period from 35 to 37 days. The chicks are grouped in *crèches* between five to four weeks; finally they will fledge between 80 and 105 days. In spite of being fledged, the chicks will remain in the colony until March and will continue being fed by their parents for an additional period of up to 50 days. They will reach their sexual maturity generally at the age of two years.

Diet: Feeds on crustaceans and fish, which it captures by means of long pursuit-dives up to 330 feet (100 m) deep. The fishing areas are generally not beyond 6 miles (10 km) from the coast.

Longitud: *De 75 a 90 centímetros* • **Peso:** *De 4.5 a 8.5 kilogramos.*

residente circumpolar subantártico y antártico presente entre los 45 y 65S. La raza ellsworthii nidifica en unas 70 localidades de la Península Antártica (20.000 parejas) e Islas Shetland del Sur (17.200 parejas). También en Islas Orcadas (10.900 parejas) y Sandwich del Sur (1.500 parejas). La raza nominal nidifica en Islas Georgia del Sur (102.000 parejas) y Malvinas (113.000 parejas). Un pequeño número de parejas reproductivas en Isla Martillo, Canal Beagle, Argentina. Su población mundial se estima en unas 317.000 parejas. Muchos individuos permanecen cerca de las colonias durante todo el año.

Es un visitante ocasional en las costas de Chubut y Santa Cruz, Argentina y Tierra del Fuego e islas fueguinas exteriores, Chile.

Reproducción: Sus colonias son pequeñas, y se localizan en playas y laderas costeras libres de hielo, hasta 200 metros de altura y 8 kilómetros al interior. Monógamo, aunque las parejas no perduran por más de dos o tres estaciones. La postura ocurre entre octubre y noviembre; dos huevos serán incubados por la pareja por un período de 35 a 37 días. Los polluelos son agrupados en crèches entre las 4 y 5 semanas de vida; finalmente se independizarán entre los 80 y 105 días. Pese a estar independizados, los polluelos permanecerán en la colonia hasta marzo y continuarán siendo alimentados por los padres por un período adicional de hasta 50 días. Alcanzarán la madurez sexual generalmente a los dos años.

Dieta: Se alimenta de crustáceos y peces, los que captura mediante prolongados buceos hasta los 100 metros de profundidad. Las zonas de pesca generalmente no se hayan más allá de 10 kilómetros de distancia de la costa.

Pacific Ocean / Océano Pacífico

Atlantic Ocean / Océano Atlántico

Chiloé

Valdés Peninsula

PATAGONIA

113.000 Pairs / Parejas

Falkland I. / I. Malvinas

Tierra del Fuego

Small Colony / Pequeña Colonia

102.000 Pairs / Parejas

South Shetland I. / I. Shetland del Sur

10.900 Pairs / Parejas

South Georgia I. / I. Georgia del Sur

17.200 Paires / Parejas

South Orkney I. / I. Orcadas del Sur

1.500 Pairs / Parejas

20.000 Pairs / Parejas

South Sandwich I. / I. Sandwich del Sur

Antarctic Peninsula / Península Antártica

Weddell Sea / Mar de Weddell

ANTARCTICA

Adélie Penguin

Pygoscelis adeliae

Pingüino Adelia o de Ojo Blanco

Length: 28 inches (71 cm) • **Weight:** From 8.5 to 18 lbs. (3.8–8.2 kg)

Distribution: It is a strictly Antarctic circumpolar resident, present between 57° and 77°S. Nearly 685,000 pairs breed in the Antarctic Peninsula, South Shetland, South Orkney and South Sandwich Islands. Its world population is estimated at approximately 2.5 million pairs. After the breeding season, it migrates northwards to the edge of the *pack-ice*.

Breeding: It nests on ice-free beaches and hillsides; their colonies are very numerous, holding up to several thousand individuals. They are monogamous, although the pairs do not last for more than three consecutive years. The season develops between late September and February. The males arrive to the colony approximately four days before the females. It is likely that at the arrival time, an extensive barrier of ice of several kilometres still persists, and the penguins must walk over it to have access to the rocky coast. The nest is a simple depression on the ground, lined with small rocks. Between two and three weeks after its arrival, the female lays two eggs which will be incubated by the couple between 32 and 37 days. Both parents will guard and feed the chicks. Once they are between two and three weeks old, the chicks will be grouped in *crèches*. These "*nursery units*" will be guarded by non-breeding adults against opportunistic predators such as *skuas*. As soon as the parents return from the fishing grounds, the chicks will chase them through the colony, begging to be fed. Chicks will fledge between 48 and 61 days old.

Diet: Feeds mainly on krill that it captures by means of pursuit-dives between 65 and 131 feet (20– 40 m) deep. Occasional dives to depths up to 575 feet (175 m).

Longitud: *71 centímetros •* **Peso:** *De 3.8 a 8.2 kilogramos.*

Distribución: *Es un residente circumpolar estrictamente antártico, presente entre los 57 y 77S. Unas 685.000 parejas nidifican en la Península Antártica, Islas Shetland del Sur, Orcadas del Sur y Sandwich del Sur. Su población mundial se estima en unos 2.5 millones de parejas. Luego de la temporada reproductiva, migra hacia el norte hasta el borde del pack-ice.*

Reproducción: *Nidifica en playas y laderas libres de hielo; sus colonias son muy numerosas, concentrando varios miles de individuos. Monógamo, aunque las parejas no perduran por más de tres años consecutivos. La estación se desarrolla entre fines de septiembre y febrero. Los machos arriban a la colonia unos cuatro días antes que la hembra. Lo más probable es que a esa fecha, exista aún una extensa barrera de hielo de varios kilómetros, que los pingüinos deben sortear para acceder a la costa rocosa. El nido es una simple depresión en el suelo, rodeada con pequeñas rocas. Entre dos y tres semanas, luego de su arribo, la hembra colocará dos huevos, los que serán incubados por la pareja entre 32 y 37 días. Ambos padres cuidarán y alimentarán a los polluelos. Entre las dos y tres semanas de vida, los polluelos serán agrupados* en crèches. *Estas "unidades de infantes" serán resguardadas por adultos no-reproductivos que protegerán a los polluelos de predadores oportunistas como las skuas. Una vez que sus padres regresen de sus excursiones de pesca, los polluelos perseguirán a sus padres por la colonia, suplicando ser alimentados. Los polluelos se independizarán entre los 48 y 61 días de edad.*

Dieta: *Se alimenta principalmente de krill que captura mediante buceos entre los 20 y 40 metros de profundidad. Buceos ocasionales hasta los 175 metros.*

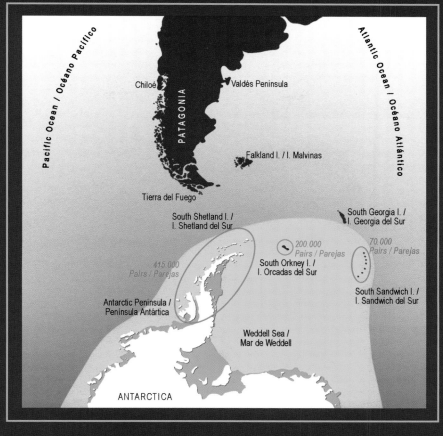

Pacific Ocean / Océano Pacífico

Atlantic Ocean / Océano Atlántico

Chiloé

Valdés Peninsula

PATAGONIA

Falkland I. / I. Malvinas

Tierra del Fuego

South Shetland I. / I. Shetland del Sur

South Georgia I. / I. Georgia del Sur

200.000 Pairs / Parejas

70.000 Pairs / Parejas

415.000 Pairs / Parejas

South Orkney I. / I. Orcadas del Sur

Antarctic Peninsula / Península Antártica

South Sandwich I. / I. Sandwich del Sur

Weddell Sea / Mar de Weddell

ANTARCTICA

Chinstrap Penguin

Pygoscelis antarctica

Pingüino de Barbijo

Length: From 26.75 to 30 inches (68–76 cm) • **Weight:** From 7 to 11.5 lbs. (3.2–5.3 kg)

Distribution: It is a strictly Antarctic circumpolar resident, present between 54° and 69°S. It is estimated that approximately 938,000 pairs breed in nearly 160 colonies in the Antarctic Peninsula and South Shetland Islands. Nests also on South Orkney (600,000 pairs), South Sandwich (1.5 million pairs) and South Georgia Islands (~ 6,000 pairs). During the 1980s, the world population was estimated at approximately 7.5 million pairs. This is a migratory penguin, which disperses northwards during the winter, in waters adjacent to the edge of the pack-ice. It is an accidental visitor in Tierra del Fuego and on the Atlantic coast of South America.

Breeding: Prefers to set its dense colonies on steep and high coastal slopes. The numbers in the colonies can be enormous. They are monogamous. The males arrive to the colonies during November, approximately five days before the females. Its nest consists of a platform of pebbles, lined ocassionally with feathers and bird bones. The female lays two whitish eggs, during an interval of roughly three days; both are incubated for a period of 31 to 39 days. Generally the female takes the first shift during the incubation of eggs, while the male feeds at sea. When the chicks are three to four weeks old, they will be grouped in *crèches* and will be fledged between 52 and 60 days. Once the breeding season is over, the penguins will leave the colony between March and April.

Diet: Feeds mostly on krill, which it captures by means of short and shallow pursuit-dives.

Longitud: *De 68 a 76 centímetros* • **Peso:** *De 3.2 a 5.3 kilogramos.*

residente circumpolar estrictamente antártico, presente entre los 54 y 69S. Se estima que unas 938.000 parejas nidifican en unas 160 colonias en la Península Antártica e Islas Shetland del Sur. También nidifica en Islas Orcadas del Sur (600.000 parejas), Sandwich del Sur (1.5 millones de parejas) y Georgia del Sur (~ 6.000 parejas). Su población mundial fue estimada en la década de los 80 en unos 7.5 millones de parejas. Es un pingüino migratorio, durante el invierno se dispersa hacia el norte, en aguas periféricas al límite del pack-ice. Es un visitante accidental en las costas de Tierra del Fuego y costa atlántica de Sudamérica.

Reproducción: *Tiende a establecer sus densas colonias en pendientes costeras pronunciadas y altas. Los números en las colonias pueden ser enormes. Monógamo. Los machos arriban a las colonias durante Noviembre, unos cinco días antes que las hembras. Su nido consiste en una plataforma de piedrecillas, en ocasiones revestida con plumas y huesos de aves. La hembra coloca dos huevos blanquecinos, con un intervalo de aproximadamente tres días de diferencia, y que son incubados por un período de 31 a 39 días. Por lo general la hembra toma el primer turno durante la incubación de los huevos, mientras el macho se alimenta en el mar. Cuando los polluelos tengan de tres a cuatro semanas, serán agrupados en crèches; finalmente se independizarán entre los 52 y 60 días de vida. Al finalizar la temporada, los pingüinos abandonarán la colonia entre marzo y abril.*

Dieta: *Se alimenta principalmente de krill, que captura mediante buceos cortos y superficiales.*

Pacific Ocean / Océano Pacífico

Atlantic Ocean / Océano Atlántico

Chiloé

Valdés Peninsula

PATAGONIA

Falkland I. / I. Malvinas

Tierra del Fuego

6.000 Pairs / Parejas

South Shetland I. / I. Shetland del Sur

600.000 Pairs / Parejas

South Georgia I. / I. Georgia del Sur

938.000 Pairs / Parejas

South Orkney I. / I. Orcadas del Sur

1.500.000 Pairs / Parejas

South Sandwich I. / I. Sandwich del Sur

Antarctic Peninsula / Península Antártica

Weddell Sea / Mar de Weddell

ANTARCTICA

Rockhopper Penguin

Eudyptes chrysocome

Pingüino de Penacho Amarillo

Length: From 17.3 to 21.65 inches (45–55 cm) • **Weight:** From 4.4 to 8.3 lbs. (2–3.8 kg)

Distribution: It is a sub-Antarctic circumpolar resident, present between 50° and 55°S. Nests on the Falkland Islands (297,000 pairs) comprise the largest breeding site for the species. Approximately 175,000 pairs nests along the most exposed coasts of southern Aisén and Magallanes, in Chile. Also found on Staten Island and Puerto Deseado, in Argentina. The world population is estimated between one to two million pairs. During the winter, it disperses in offshore waters, between 44° and 55°S.

Breeding: Establishes nests on rocky hillsides and among coastal grasslands. They are monogamous, the couples have long lasting pair-bonds. The breeding season starts in October when the males arrive to the colony, generally one week before the females. The nest is a small depression on the ground, lined with plant material and pebbles. The female lays two spherical eggs during an interval of approximately four days; these will be incubated by both parents for a period of 32 to 38 days. Usually in the crested penguins of the genus *Eudyptes*, the first egg is smaller than the second and generally will not hatch, but if does the chick will not survive. The chick from the second egg will be guarded for approximately 20 to 26 days and will fledge between 66 and 73 days. After the moult they will return to sea to feed and will come back again to land for a short period before leaving definitively the colony between April and May.

Diet: Feeds in offshore waters, mainly on krill and squid, which it captures by means of pursuit-dives between surface and 330 feet (100 m) deep.

Longitud: *De 45 a 55 centí-metros* • **Peso:** *De 2 a 3.8 kilo-gramos.*

Distribución: *Es un residente circumpolar subantártico, presente entre los 50 y 55S. Nidifica en Islas Malvinas (297.000 parejas), siendo la población reproductiva más importante para la especie. Unas 175.000 parejas nidifican en el litoral más expuesto del sur de Aisén y Magallanes, en Chile. También en Isla de los Estados y Puerto Deseado, en Argentina. Su población mundial se estima entre uno a dos millones de parejas. Durante el invierno, se dispersa en aguas pelágicas, entre los 44° y 55°S.*

Reproducción: *Establece sus nidos en laderas rocosas y entre pastizales. Es monógamo, las parejas mantienen lazos bastante duraderos. La estación reproductiva comienza en octubre cuando los machos arriban a la colonia, por lo general una semana antes que las hembras. El nido en una pequeña depresión revestida con vegetación y piedrecillas. La hembra coloca dos huevos esféricos con un intervalo de unos cuatro días, y los que serán incubados por ambos padres por un período de 32 a 38 días. Como sucede en los pingüinos del género Eudyptes, el primer huevo es más pequeño que el segundo, y por lo general no eclosionará, y de* hacerlo, el polluelo no sobrevivirá. El polluelo correspondiente al segundo huevo, será cuidado por unos 20 a 26 días y se independizará entre los 66 y 73 días de vida. Luego de la muda regresarán al mar a alimentarse y retornarán nuevamente a tierra por un corto período, para luego abandonar definitivamente la colonia entre abril y mayo.

Dieta: *Se alimenta en aguas exteriores, principalmente de krill y calamares, que captura mediante buceos entre la superficie y los 100 metros de profundidad.*

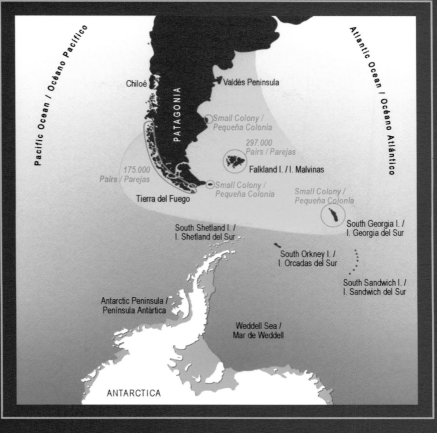

Pacific Ocean / Océano Pacífico

Atlantic Ocean / Océano Atlántico

Chiloé

Valdés Peninsula

PATAGONIA

Small Colony / Pequeña Colonia

297.000 Pairs / Parejas

Falkland I. / I. Malvinas

175.000 Pairs / Parejas

Small Colony / Pequeña Colonia

Tierra del Fuego

Small Colony / Pequeña Colonia

South Georgia I. / I. Georgia del Sur

South Shetland I. / I. Shetland del Sur

South Orkney I. / I. Orcadas del Sur

South Sandwich I. / I. Sandwich del Sur

Antarctic Peninsula / Península Antártica

Weddell Sea / Mar de Weddell

ANTARCTICA

Macaroni Penguin

Eudyptes chrysolophus

Pingüino Macaroni o de Frente Dorada

Length: 28 inches (71 cm) • **Weight:** From 6.8 to 14.5 lbs. (3.1–6.6 kg)

Distribution: It is a sub-Antarctic and Antarctic circumpolar resident, present between 46° and 65°S. The main colony in the region is at South Georgia Island (~ 2.7 million pairs). It also nests in South Sandwich (52,000 pairs), South Orkney (~ 50 pairs) and South Shetland Islands (14,000 pairs). Approximately 12,000 pairs breed in the Fuegian archipelagos and Cape Horn, Chile, also on Staten Island, Argentina. A small population exists in the Falkland Islands (~ 50 pairs). This is the most abundant penguin in the world with an estimated population of 11 million pairs. It is a migratory species which is only found in the open ocean during the non-breeding season.

Breeding: It is monogamous, the couples have long lasting pair-bonds. They settle their nests on exposed beaches and steep rocky hillsides. The nest is a simple depression on the ground, lined with pebbles and mud. The males arrive to the colonies in October, generally one week before the females. The female lays two whitish eggs during an interval of approximately four days. The eggs will be incubated by the couple for a period of 33 to 37 days. Both eggs are very different in size, with the first one up to 60% smaller than the second one. The chicks will form *crèches* at approximately 25 days, and will fledge between 60 and 70 days.

Diet: Feeds mostly on krill, that it captures by means of long pursuit-dives up to 200 feet (60 m) deep; occasionally it reaches depths up to 330 feet (100 m). This penguin makes regular foraging trips to distant areas located more than 250 miles (400 km) from the colonies.

Longitud: *71 centímetros •* **Peso:** *De 3.1 a 6.6 kilogramos.*

Distribución: *Es un residente circumpolar subantártico y antártico, presente entre los 46 y 65S. La principal colonia de la región se encuentra en Isla Georgia del Sur (~ 2.7 millones de parejas). También nidifica en Islas Sandwich del Sur (52.000 parejas), Orcadas del Sur (~ 50 parejas) y Shetland del Sur (14.000 parejas). Unas 12.000 parejas nidifican en el archipiélago fueguino y Cabo de Hornos, Chile. También en Isla de los Estados, Argentina. Existe una pequeña población en Islas Malvinas (~ 50 parejas). Este es el pingüino más abundante del mundo con una población estimada en 11 millones de parejas. Es una especie migratoria y se encuentra solamente en mar abierto durante el período no-reproductivo.*

Reproducción: *Es monógamo, las parejas mantienen lazos bastante duraderos. Establece sus nidos en playas expuestas y laderas rocosas de pendiente pronunciada. El nido es una simple depresión en el suelo, revestida de piedrecillas y barro. Los machos arriban a las colonias en octubre, por lo general una semana antes que las hembras. Su postura consiste en dos huevos blanquecinos, colocados con un intervalo de unos cuatro días. Los huevos serán incubados por la pareja, por un período de 33 a 37 días de duración.*

Ambos huevos son muy distintos en tamaño, siendo el primero hasta un 60% más pequeño que el segundo. Los polluelos formarán crèches aproximadamente a los 25 días, y se independizarán solo entre los 60 y 70 días de edad.

Dieta: *Se alimenta primordialmente de krill, que captura mediante prolongados buceos hasta 60 metros de profundidad; ocasionalmente bucea más profundo, hasta los 100 metros. Este pingüino realiza viajes regulares para alimentarse, a zonas situadas a más de 400 kilómetros de distancia de sus colonias.*

Humboldt Penguin

Spheniscus humboldti

Pingüino de Humboldt

Length: 27.5 inches (70 cm) • **Weight:** From 5 to 17.2 lbs. (2.3–7.8 kg)

Distribution: It is an endemic resident of the western coast of South America, only present in the cold waters of the Humboldt Current. There is a small isolated colony at Puñihuil islets, Chiloé. Their world population is estimated at approximately 12,000 pairs, of which roughly 8,000 are in Chile and the remaining 4,000 in Peru.

Breeding: Rather gregarious. They establish their breeding colonies on rocky islands, in zones affected by Mediterranean to desert climates. They are monogamous, the couples have long lasting pair-bonds. They nest in burrows excavated in soft soil or guano deposits. The female lays two eggs that will be incubated by both parents for a period of approximately 40 days. The chicks will be fed almost every day. It is common that Humboldt Penguins can breed up to twice a year, if the feeding conditions are favorable; for this reason is possible to observe this penguin around their colonies throughout the year. In the small colony of Puñihuil, Chiloé, the adults breed only once a year. There the eggs are laid in October and chicks hatch in November; eventually they will fledge during February. After the breeding season, most of the individuals migrate northwards. This penguin is capable of breeding for the first time at two years.

Diet: Feeds on schooling fish such as anchovies and sardines, which it captures between surface and depths up to 200 feet (60 m); it occasionally dives up to 490 feet (150 m). Normally it feeds close to the colony. However, in years in which the sea productivity is reduced and food availability very limited, they travel enormous distances of up to 560 miles (900 km) in search of food.

Longitud: 70 centímetros • **Peso:** De 2.3 a 7.8 kilogramos.

Distribución: Es un pingüino residente y endémico de la costa occidental de Sudamérica, presente en las frías aguas de la Corriente de Humboldt. Existe una pequeña colonia aislada en los Islotes Puñihuil, Chiloé. Su población mundial se estima en unas 12.000 parejas, de las cuales unas 8.000 se encuentran en Chile y las restantes 4.000 en Perú.

Reproducción: Bastante gregario. Establece sus colonias reproductivas en islas rocosas, en zonas afectadas de un clima mediterráneo a desértico. Monógamo, las parejas mantienen lazos muy duraderos. Nidifica en cuevas excavadas en el suelo blando o en depósitos de guano.

La hembra coloca dos huevos y que serán incubados por ambos padres por un período de unos 40 días. Los polluelos serán alimentados diariamente. Es común que el Pingüino de Humboldt sea capaz de criar hasta dos veces al año, si las condiciones alimenticias son favorables; por lo mismo es factible observarlo alrededor de sus colonias durante todo el año. En la pequeña colonia de Puñihuil, Chiloé, los adultos crían solo una vez por año. Los huevos son colocados en octubre y los polluelos nacen en noviembre, independizándose durante el mes de febrero. Luego de la crianza, la mayoría de los individuos migra hacia el norte. Este pingüino es capaz de reproducirse por primera vez a los dos años de edad.

Dieta: Se alimenta de cardúmenes de anchovetas y sardinas, los que captura entre la superficie y hasta una profundidad de 60 metros; bucea ocasionalmente hasta los 150 metros. Normalmente se alimenta cerca de la colonia. Sin embargo, en años en que la productividad del mar es muy reducida y la disponibilidad de alimento más limitada, éstos pueden viajar enormes distancias de hasta 900 kilómetros en busca de alimento.

Pacific Ocean / Océano Pacífico

Atlantic Ocean / Océano Atlántico

Small Colony / Pequeña Colonia
Chiloé

Valdés Peninsula

PATAGONIA

Falkland I. / I. Malvinas

Tierra del Fuego

South Georgia I. / I. Georgia del Sur

South Shetland I. / I. Shetland del Sur

South Orkney I. / I. Orcadas del Sur

South Sandwich I. / I. Sandwich del Sur

Antarctic Peninsula / Península Antártica

Weddell Sea / Mar de Weddell

ANTARCTICA

Magellanic Penguin

Spheniscus magellanicus

Pingüino de Magallanes o Pingüino Patagónico

Length: 27.5 inches (70 cm) • **Weight:** From 5 to 17.2 lbs. (2.3–7.8 kg)

Distribution: It is a common summer resident in Patagonia between 37° and 56°S. Its population in South America is estimated at 1.5 million pairs. Approximately 650,000 pairs breed on the Atlantic coast of Argentina, from Valdes Peninsula southwards. The rest breeds in Chile, from the Cape Horn north to Chiloé. They are also found in the Falkland Islands (150,000 pairs). After the rearing season, the populations disperse northwards, reaching by the Pacific up to northern Chile and by the Atlantic Ocean up to Brazil.

Breeding: It is a highly gregarious penguin, some colonies may shelter hundreds of thousands of pairs. They establish their colonies on open beaches or bush-covered flat areas. They are monogamous, the pairs have long lasting pair-bonds. Nests are in burrows of up to six feet deep. The males arrive to the colony by late September, approximately two weeks before the females. By mid-October, the female lays, with an interval of approximately four days, two whitish eggs; these will be incubated by both parents for a period of 39 to 42 days. The chicks will be guarded and fed almost daily for approximately 29 days. Once this phase has finished, the chicks will have developed their plumage and will explore outside the burrows for first time. Chicks will fledge between 60 and 70 days. After rearing the chicks, the adults will make foraging trips in order to recover weight and later have their yearly moult. Then they will leave the colony and begin a long migration in offshore waters for approximately five months.

Diet: Feeds on crustaceans, fish and squid, which it captures between surface and depths of up to 165 feet (50 m); there are records of dives exceeding 330 feet (100 m) deep.

Longitud: 70 centímetros • *Peso:* De 2.3 a 7.8 kilogramos.

Distribución: Es un residente estival común en Patagonia entre los 37 y 56S. Su población en Sudamérica se estima en 1.5 millones de parejas. Unas 650.000 parejas nidifican en la costa atlántica de Argentina, desde Península Valdés al sur. El resto se reproduce en Chile, desde el Cabo de Hornos hasta Chiloé. También en Islas Malvinas (150.000 parejas). Luego de la crianza, las poblaciones se dispersan hacia el norte, alcanzando por el Pacífico hasta el norte de Chile y por el Atlántico hasta Brasil.

Reproducción: Muy gregario, algunas colonias albergan cientos de miles de parejas. Establece sus colonias en playas abiertas

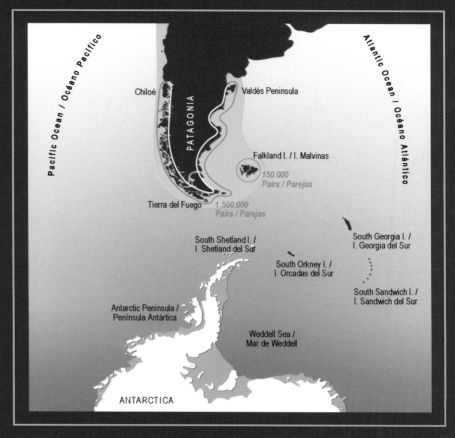

o cubiertas con arbustos. Monógamo, las parejas mantienen lazos muy duraderos. Nidifica en cuevas de hasta dos metros de profundidad. Los machos arriban a la colonia a fines de septiembre, unas dos semanas antes que las hembras. A mediados de octubre, la hembra coloca, con un intervalo de unos cuatro días, dos huevos blanquecinos; éstos serán incubados por ambos padres por un período de 39 a 42 días. Los polluelos serán cuidados y alimentados casi diariamente y por unos 29 días. Al terminar esta fase, éstos habrán desarrollado su plumaje y serán capaces de aventurarse por primera vez fuera de sus cuevas. Finalmente, se independizarán entre los 60 y 70 días de vida. Luego de la crianza, los adultos realizarán viajes de alimentación a fin de recuperar peso y posteriormente realizarán la muda anual de su plumaje, para luego abandonar la colonia y comenzar una prolongada migración en aguas exteriores por unos cinco meses.

Dieta: Se alimenta de crustáceos, peces y calamares, los que captura entre la superficie y hasta una profundidad de 50 metros; existen registros de buceos a más de 100 metros de profundidad.

Penguin, static traveler,
deliberate priest of the cold,
I salute your vertical salt
and envy your plumed pride.

Pingüino, estático viajero,
sacerdote lento del frío:
saludo tu sal vertical
y envidio tu orgullo emplumado.

Pablo Neruda, Arte de Pájaros / Art of Birds